BEI GRIN MACHT SICH IHR WISSEN BEZAHLT

- Wir veröffentlichen Ihre Hausarbeit, Bachelor- und Masterarbeit

- Ihr eigenes eBook und Buch - weltweit in allen wichtigen Shops

- Verdienen Sie an jedem Verkauf

Jetzt bei www.GRIN.com hochladen und kostenlos publizieren

Bibliografische Information der Deutschen Nationalbibliothek:

Die Deutsche Bibliothek verzeichnet diese Publikation in der Deutschen National-
bibliografie; detaillierte bibliografische Daten sind im Internet über http://dnb.d-
nb.de/ abrufbar.

Impressum:

Copyright © 2007 GRIN Verlag, Open Publishing GmbH
Druck und Bindung: Books on Demand GmbH, Norderstedt Germany
ISBN: 9783640617678

Dieses Buch bei GRIN:

http://www.grin.com/de/e-book/150439/watzmann-und-jenner

Christoph Böhm

Watzmann und Jenner

Geographische Skizze

GRIN Verlag

GRIN - Your knowledge has value

Der GRIN Verlag publiziert seit 1998 wissenschaftliche Arbeiten von Studenten, Hochschullehrern und anderen Akademikern als eBook und gedrucktes Buch. Die Verlagswebsite www.grin.com ist die ideale Plattform zur Veröffentlichung von Hausarbeiten, Abschlussarbeiten, wissenschaftlichen Aufsätzen, Dissertationen und Fachbüchern.

Besuchen Sie uns im Internet:

http://www.grin.com/

http://www.facebook.com/grincom

http://www.twitter.com/grin_com

Johannes Gutenberg-Universität Mainz

Geographisches Institut

Alpen Exkursion

Titel: Geographische Skizze Watzmann und Jenner

Geographische Skizze
Watzmann und Jenner

Referent: Christoph Böhm

Inhaltsverzeichnis

1. Geographische Lage

Der Watzmann wie auch der Jenner sind Teil der Berchtesgadener Alpen und liegen im Nationalpark Berchtesgaden im äussersten Südosten der Bundesrepublick Deutschland. Der Watzmann ist mit seinen 2713 m (ü.NN) (vgl. STATISTISCHES BUNDESAMT: 2005) zweithöchster Berg Deutschland und steht als imposanter Einzelberg für den Gesamten Nationalpark Berchtesgaden. Der Hauptkamm des Watzmann besteht aus drei Hauptgipfeln (Hocheck 2651 m, Mittelspitze 2713 m und Südspitze 2712 m) welche östlich durch die Watzmannkinder und den kleinen Watzmann (auch Watzmannfrau genannt) abgeschlossen weden (vgl. ECKERT 1992).

Am nordöstlichen Ende des Königssee erhebt sich mit 1874 m (ü.NN) der Jenner. Er gehört zum Göllstock im Nordosten und ist aufgrund seiner touristischen Erschließung nicht Teil des Nationalparks Berchtesgaden.
Bergrenzt ist die Watzmann-Jenner Region im Nord-Osten vom Göllstock, dem sich im Süden das Hagengebirge anschließt. Im Süden des Watzmann steht die Gebirgskette des Steinernen Meers welches wiederum nördlich vom Hochkaltermassiv begrenzt ist.

2. Physisch geographische Betrachtung

2.1. Gestein

Der Watzmann wie auch der Jenner sind , geologisch gesehen, Teil der nödlichen Kaltkalpen. Durch Gletscherbewegungen entstandene Trogtäler (Königsseetal und Wimbachtal) trennen die Hauptkämme (Hochkalter, Watzmann und Göllstock) der Berchdesgadener Aplen. Der Prozess der Alpenbildung begann vor ca. 210 Mio. Jahren durch die Ablagerung von Kalk der von Coelenteraten wie Quallen aber auch von Molluscen wie Schnecken und Muscheln gebildet wurde. Eine Überlagerung der Kalksedimente verfestigte diese und schuf eine über 1500 m dicke Kalkschicht. Die anschließenden tektonischen Hebungen führten in über 100 Mio. Jahren zu Orogenese der Alpen. Die schon angesprochenen Gleschterbewegungen in den 5 Eiszeiten der letzten 2 Mio. Jahre gestalteten das Relief der Alpen zum heutigen Zustand.

Der dem Trias entstammende Dachsteinkalt bildet die Oberflächen der Berchtesgadener Alpen und ist meist in den Gipfelregionen und in den weiten Flanken sichtbar (vgl. NATIONALPARK BERCHDESGADEN: 2001). Die auffallende „Bänderstruktur" der Watzmann Ostwand war einst Horizontal und wurde durch tektonische Kippungsprozesse zum heutigen Winkel von 30°- 40° verschoben. Die Strucktur ist die Folge eines Wechsels in der Ablagerungshistorie zwischen dolomitischen Stromatolithlagen und mächtigen Megalodonten-Bänken. „Diese Bänke können, manchmal in Rythmen über hunderte von Metern, mit dolomitschen Stromatolithlagen abwechseln."(BÖGEL: 1976). Die heute noch gut zu erkennenden Fossilieneinlagerungen (Muschelreste wie Kuhtritt) sind Zeugen dieser Ablagerungen (vgl. BÖGEL: 1976).

2.2. Vergletscherung

Die Gletscherflächen am Watzmann sind begrenzt auf den Watzmanngletscher und die Eiskapelle.

Die Eiskapelle ist das wohl am tiefsten gelegene Schneefeld der Alpen. Der tiefste Punkt liegt bei ca 930 m (ü.NN). Es speist sich aus den Lawinen die in den Frühjahrsmonaten aus der Ostwand abgehen.

Der eigentliche Watzmanngletscher befindet sich in der Nordwand unterhalb der Mittelspitze. Er liegt in einer Höhe von 2000 m (ü.NN) bis 2200 m (ü.NN). Seine bezeichnung als Gletscher ist unter Glaziologen allerdings umstritten da er keine große Fließgeschwindigkeit aufweist. Der Gletscher hat sich, in Bezug auf seine Größe, innerhalb des letzten Jahrhunderts stark verändert. (siehe Abb. 1). So nahm in der ersten Hälfte des 20. Jahrhunderts seine Gesamtfläche um fast 2/3 auf 10 ha ab. In der zweiten Hälfte nahm sie dann wieder zu und pendelte sich in den letzten Jahrzehnten des letzten Jahrhunderts auf 18 ha ein (vgl. Tab 1).

Die heutige Ausdehnung des Watzmanngletschers liegt immernoch über der des Jahres 1959 (vgl. HAGG: 2006).

2.3. Vegetation

Die Vegetation der Region lässt sich in vier verschiedene Stufen einteilen:

• Submontane Stufe (bis ca. 700 m (ü. NN)

• Montane Stufe (ca. 700 m (ü. NN) – 1400 m (ü. NN))

• Subalpine Stufe (1400 m (ü. NN) – 2000 m (ü. NN))

• Alpine Stufe (über 2000 m (ü. NN))

In der ersten Zone findeten sich Buchenbestände wie Rotbuche aber auch der Bergahorn.

In der zweiten Vegetationsstufe dominiert der montane Bergmischwald (vgl. Abb. 3) wobei der Fichtenanteil in höheren Standorten zunimmt.

In der subalpinen Zone überwiegt dann der Fichtenanteil und wird nach oben hin immer mehr von Latschen durchsetzt.

In der höchsten Stufe des Watzmannmassivs (die nivale Stufe wird hier nicht erreicht) ist die Baumgrenze erreicht und es behaupten sich Latschen- und Alpenrosen Latschen Büche. Des Weiteren sind große Wiesengebiete und Felsgemeinschaften anzutreffen (vgl. NATIONALPARK BERCHTESGADEN: 2001).

2.4. Klima

Das Klima der Region entspricht einem Übergangsklima zwischen kontinentalem und ozeanoischem Klima. Es ist durch seine Höhenunterschiede von über 2000 m als Gebirgsklima zu bezeichnen. Die Jahresmitteltemperatur auf dem Watzmann beträgt -2°C. Dadurch liegt die Vegetationzeit in dieser R egion beio nur 60 Tagen. Der Gebirgsstock hat absperrende und ablenkende Wirkung auf die Luftströme und beeinflusst daher das Klima des gesamten Nationalparks. Durch die unterschiedlichen Oberflächenbeschaffenheit der Gipfelregionen einerseits und des Alpenvorlands andererseits bildet sich an Schönwettertagen eine Berg Tal Windzirkulation aus, die Schadstoffe aus dem Alpenvorland in die Gebirgsregionen des Watzmann schafft. Diese können dort bei Inversionswetterlagen verbleiben und beeinflussen dort die Ökosysteme (vgl. NATIONALPARK BERCHTESGADEN: 2001).

2.5. Böden

Die Bodenstrucktur im Nationalpark sind mosaikartig aufgesplitet. Nur wenige Bereiche lassen sich vereinheitlichen. Das Watzmannkar unterhalb des Watzmannhauses sowie das Watzmannlabl lassen eine große Humusschicht von über 30 cm erkennen und bilden so mit wenigen anderen Regionen in Nationalpark, in dieser Hinsicht, eine Ausnahme.

3. Humangeographische Betrachtung

3.1. Erstbesteigung

Die Erstbesteigung des Watzmann Hauptgipfels (Mittelspitze 2713 m) geschah im Jahre 1799 durch den Slowenen Valentin Sanic nur wenige Tage nachdem er den Großglockner bestiegen hatte. Eine größere Herausforderung bestand in der Durchsteigung der Watzmann-Ostwand. Diese zweithöchste Ostalpenwand (nach der Montasch Westwand) mit ihren 1800 m ist durch ihre hohe Steinschlaggefahr und den riesigen Dimensionen und damit verbundenen Orientierungsschwierigkeiten in der Wand eine nicht zu unterschätzende alpinistische Herausvorderung. Diese alpinistische Leistung gelang erstmals dem Ramsauer Johann Grill im Jahre 1881.
„1881 gelang dem Ramsauer Johann Grill (er wurde nach seinem Hof allgemein »Der Kederbacher« genannt) die Erstdurchsteigung (ECKERT: 1992).
Im Gegensatz zum Watzmann wurde der Jenner schon Mitte der 50er Jahre durch eine Seilbahn erschlossen und war aufgrund seiner Nähe zu Berchtesgaden frühzeitig Ziel für Touristen (ECKERT: 1992).

3.2. Toruristische Nutzung

Mit dem Beginn des Alpinismus in den 30 und 40 Jahren des letzten Jahrhunderts kam auch das Berchdesgadener Land in den touristischen Fokus. Die Region wurde mit Seilbahnen erschlossen und durch Wanderwege gangbar gemacht.

3.2.1. Watzmann und Jenner als Sportgebiete

Aus sportlicher Sicht können die zwei Berge des Watzmann und Jenner nicht unterschiedlicher sein. Der Watzmann mit seinem hochalpinen Gelände bietet beste Vorraussetzungen für Bergsteiger und Kletterer. Dagegen ist der Jenner in diesen Bereichen unatraktiv. Er stell jedoch ein Eldorado für Gleitschrimflieger und Bergwanderer da. Gerade der Jenner mit seinen zwei Startplätzen für Drachen- und Gleitschirmflieger ist als Sportgebiet für jährlich über 2000 Gleitschirmflieger Ausgangspunkt für Flüge (vgl. NATIONALPARK BERCHTESGADEN: 2001). Der sportliche Charakter des Watzmann ist dagegen umfangreicher. Neben den traditionellen alpinen Sportarten wie Felsklettern und Klettersteiggehen bietet der Berg im Winter auch die Möglichkeiten für exotischere Aktivitäten wie Eisklettern.

3.2.2. Hütten und Routen

Im Falle des Watzmann muss hier zu aller erst das Watzmann Haus auf 1930 m (ü. NN) genannt werden. Es liegt am nördlichen Ausläufer des Hauptkamms und dient als Stützpunkt für den Normalweg der Watzmannbesteigung. Die Alpenvereinshütte ist von Mitte Mai bis Mitte Oktober bewirtschaftet und bietet rund 200 Bergsteigern Übernachtungsmöglichkeiten (SIEFARTH: 2006). Sie wird mit einem Dieselagregat mit Strom versorgt und traditionell mit Holz geheizt. Der Transport von Brennholz wie auch der Lebensmittel gestaltet sich generell schwierig und ist kostenintensiv. Das Watzmannhaus setzt seit Anfang der 90er Jahre des letzten Jahrhunderts auf Photovoltaik zur Stromerzeugung.

Im westlich an das Massiv angrenzende Wimbachtal liegt die Wimbachgrieshütte. Sie ist für die Watzmannüberschreitung wichtiges Anlaufziel.

Der Jenner ist was die Bewirtschaftung angeht bedeutend besser an die Touristenströme angepasst. Durch die Bergstation der Seilbahn und das Jennerhaus (Dr. Beck Haus) ist eine umfassende Versorgung der Touristen gegeben. Der Berg wird durch seine günstige Lage oberhalb des Königssees hauptsächlich als Aussichtsberg genutzt.

4. Mythos Watzmann

Durch seine erhabene Gestalt bot der Watzmann mit seinen Nebengipfeln schon immer Stoff für Sagen und Mythen. Die Watzmann Sage handelt von König Watzmann der mit seiner Frau und seinen Kindern blutrünstige Treibjagden durch sein Königreich betrieb. Selbst vor einer alten Frau mit ihrer Enklin machte er keinen Halt und überlässt sie seiner Hundemeute. Im Sterben liegend verflucht sie den König mit samt der Frau und den Kindern und profezeit ihnen das sie zu Stein erstarren werden. Der Fluch wird wahr und seit dem blickt der König und seine Familie, zu Stein erstarrt, ins Berchtesgadener Land (siehe Abb. 1).

Diese Sage wird in der Region verbreitet und damit am Leben erhalten und ist somit, im Berchtesgadener Land, Teil der gelebten Tradition der einheimischen Bevölkerung.

Abb. 1: Watzmannsage

Quelle: http://www.amprice.de/cgi-bin/print.pl?item=705573 (29.04.2007)

Abb. 2: Watzmanngletscher

Quelle: www.goolge-earth.com

Abb. 3: Montaner Bergmischwald

Quelle: NPV, Diaarchiv

Abb.: 4 Watzmann und Jenner

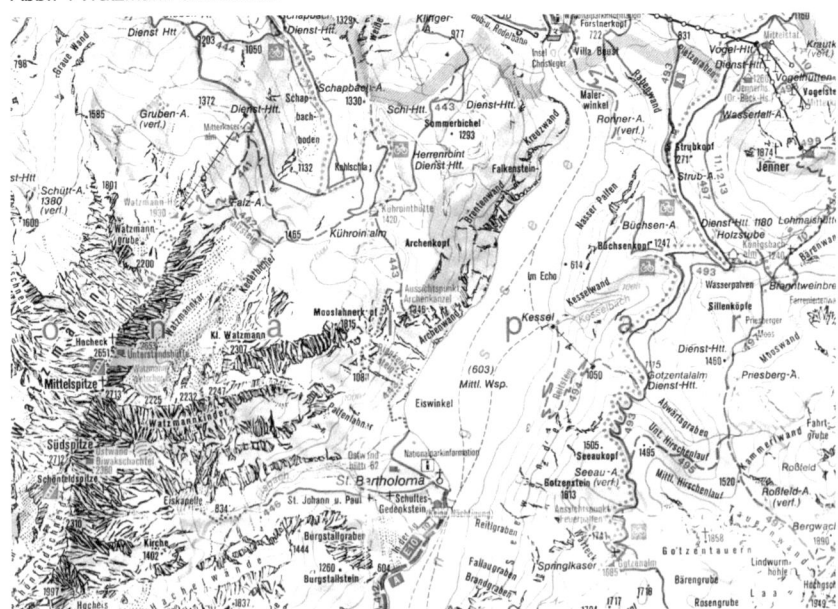

Quelle: Kompass Wander-Rad- und Skitourenkarte 14. Berchtesgadener Land 1:50000

Tab.1: Gesamtfläche und Höhenerstreckung des Watzmanngletschers

	1897	1959	1970	1980	1989	1999*
Gesamtflache (ha)	27.9	10.0	17.7	24.0	18.1	18.1
höchster Punkt (m. ü. NN)	2212	2169	2216	2222	2213	2207
niedrigster Punkt (m ü. NN)	1952	1970	1974	1974	1977	1972
mittlere Höhe (m ü. NN)	2057	2051	2048	2056	2051	2047

* wegen Schneeauflage konnte 1999 die Gletschergrenze nicht bestimmt werden

Quelle: http://www.lrz-muenchen.de/~bayerischegletscher/wmg/wmg_topo.htm (29.04.2007)

5. Literaturverzeichnis

BÖGEL, H. (1976): Kleine Geologie der Ostalpen. Allgemein verständliche
    Einführung in den Bau der Ostalpen. Thun.

ECKERT, U. (1992): Das Berchdesgadener Land. Vom Watzmann zum
    Rupertiwinkel. Köln.

GROßMANN, M. (2006): Watzmann, Der Berg. Internet: http://www.watzmannlive.
    de/index.php?option=com_content&task=view&id=3&Itemid=32 (24.04.2007).

HAGG, W. (2006): Bayerische Gletscher. Internet: http://www.lrzmuenchen.
    de/~bayerischegletscher/wmg.htm (29.04.2007).

LANGE, A. (1995): Deutsche Nationalparke. Berchtesgaden. Basel und Gratz.

NATIONALPARK BERCHTESGADEN (2001): Naturraum und Geologie. Internet:
    http://www.nationalparkberchtesgaden.
    bayern.de/nationalparkplan/doc/7bestand_bewertung_natur.pdf#page
    =2 (25.04.2007).

SIEFARTH, F. (2006): Watzmannhaus. Internet: http://www.alpenverein-
    muenchenoberland.de/huetten__wege/bewirtschaftete_huetten/uebersicht/wat
    zmannhaus (28.04.2007).

STATISTISCHES BUNDESAMT (2005): Bodenerhebungen. Internet:
    http://www.destatis.de/basis/d/geo/geobodet.htm (24.04.2007).